XUE KE XUE MEI LI DA TAN SUO
学科学魅力大探索

科学成果展台

李 奎 编著　丛书主编 周丽霞

天文：新型天文观测台

汕头大学出版社

图书在版编目（CIP）数据

天文：新型天文观测台 / 李奎编著. -- 汕头：汕
头大学出版社，2015.3（2020.1重印）
　（学科学魅力大探索 / 周丽霞主编）
　ISBN 978-7-5658-1693-2

Ⅰ．①天… Ⅱ．①李… Ⅲ．①天文观测－青少年读物
Ⅳ．①P12-49

中国版本图书馆CIP数据核字(2015)第027447号

天文：新型天文观测台　　TIANWEN: XINXING TIANWEN GUANCETAI

编　　著：李　奎
丛书主编：周丽霞
责任编辑：汪艳蕾
封面设计：大华文苑
责任技编：黄东生
出版发行：汕头大学出版社
　　　　　广东省汕头市大学路243号汕头大学校园内　邮政编码：515063
电　　话：0754-82904613
印　　刷：三河市燕春印务有限公司
开　　本：700mm×1000mm 1/16
印　　张：7
字　　数：50千字
版　　次：2015年3月第1版
印　　次：2020年1月第2次印刷
定　　价：29.80元
ISBN 978-7-5658-1693-2

前言

　　科学是人类进步的第一推动力，而科学知识的学习则是实现这一推动的必由之路。在新的时代，社会的进步、科技的发展、人们生活水平的不断提高，为我们青少年的科学素质培养提供了新的契机。抓住这个契机，大力推广科学知识，传播科学精神，提高青少年的科学水平，是我们全社会的重要课题。

　　科学教育与学习，能够让广大青少年树立这样一个牢固的信念：科学总是在寻求、发现和了解世界的新现象，研究和掌握新规律，它是创造性的，它又是在不懈地追求真理，需要我们不断地努力探索。在未知的及已知的领域重新发现，才能创造崭新的天地，才能不断推进人类文明向前发展，才能从必然王国走向自由王国。

　　但是，我们生存世界的奥秘，几乎是无穷无尽，从太空到地球，从宇宙到海洋，真是无奇不有，怪事迭起，奥妙无穷，神秘莫测，许许多多的难解之谜简直不可思议，使我们对自己的生命现象和生存环境捉摸不透。破解这些谜团，有助于我们人类社会向更高层次不断迈进。

其实，宇宙世界的丰富多彩与无限魅力就在于那许许多多的难解之谜，使我们不得不密切关注和发出疑问。我们总是不断去认识它、探索它。虽然今天科学技术的发展日新月异，达到了很高程度，但对于那些奥秘还是难以圆满解答。尽管经过许许多多科学先驱不断奋斗，一个个奥秘不断解开，并推进了科学技术大发展，但随之又发现了许多新的奥秘，又不得不向新的问题发起挑战。

宇宙世界是无限的，科学探索也是无限的，我们只有不断拓展更加广阔的生存空间，破解更多奥秘现象，才能使之造福于我们人类，人类社会才能不断获得发展。

为了普及科学知识，激励广大青少年认识和探索宇宙世界的无穷奥妙，根据最新研究成果，特别编辑了这套《学科学魅力大探索》，主要包括真相研究、破译密码、科学成果、科技历史、地理发现等内容，具有很强系统性、科学性、可读性和新奇性。

本套作品知识全面、内容精炼、图文并茂，形象生动，能够培养我们的科学兴趣和爱好，达到普及科学知识的目的，具有很强的可读性、启发性和知识性，是我们广大青少年读者了解科技、增长知识、开阔视野、提高素质、激发探索和启迪智慧的良好科普读物。

目 录

星星为何会闪烁 001

冷热共栖的怪星 005

神秘失踪的中华星 015

脉冲星的灯塔效应 019

陨石雨的未解之谜 025

红色飞球从哪来的 031

为什么会出现滚雷 037

为何白天出现黑暗 041

太阳起源的学说 045

太阳对地球的影响 049

太阳与人类的关系 053

恒星起源的假说 065

解释星系撞击 069

陨星坠落会伤人吗 073

令人意外的流星之声 079

陨石带来的信息 087

气候与太阳的关系 091

如何看云识天气 095

星星为何会闪烁

白天为何看不见星星

在我们的地球，白天一般是不会有星星出现的，那是因为地球的大气层在作怪，它把阳光散射到四面八方，而星星是那么暗淡，所以难以显露出来。但这并不表明，在白天我们的头顶上没有星星。

事实上，在日全食时太阳被全部挡住的几分钟内，星星就会像在夜晚那样闪烁不停。还有例外的是在航天飞机上的宇航员，还是在空间轨道站上的宇航员，由于他们摆脱了大气的羁绊，所

以他们就能在阳光明媚的大白天见到满天星斗。

因为周围没有了空气，所以在太阳的身旁不远处，就有群星在争辉。因此，他们见到的白天与地面上是完全不同的。

星星为何闪烁不停

星星闪烁不停的真正原因是在于地球的大气层。大气的流动性非常强，而各处的气流因温度、湿度、压力、风向等多种因素，总在不停地流动，有些气流还特别不规则，每时每刻都在变化着。正因为恒星面前的空气流动情况在不断变化，就会使星光受到不规则的扭曲，于是星星就显得闪烁了。而这也往往成为识别行星的一个方法，即行星的光一般是稳定不闪的。

天上有多少颗星星

天空中究竟有多少颗星星？这是迄今为止，没有任何一位科学家能准确回答的问题。直到最近才有了相对准确的答案：宇宙中大约有7×10^{22}颗星星。这个数字是澳大利亚国立大学天文学和天体物理学研究院的西蒙·德赖弗教授及其研究小组计算出来的。

西蒙·德赖弗教授及其研究小组的人员使用了世界上最先进的射电望远镜，首先计算出离地球较近的一片空间里有多少个星系。然后，通过测量星系的亮度，估计出每个星系里有多少颗星星。接下来，再根据这个数字来推断在可见的宇宙空间里有多少颗星星。专家认为，这是迄今为止最先进的计算方法。

在国际天文学界高度评价这一研究成果的同时，西蒙·德赖弗教授说：7×10^{22}颗星星，并不是整个宇宙的星星数量，而是在现代望远镜力所能及的范围内计算出的相对准确的数字，真正的数字会比这个多得多。这和我们的银河系有关，因为我们所看到的星星，差不多都是银河系里的星星。

为何夏天星星多

整个银河系至少有1000亿颗恒星，它们大致分布在一个圆饼状的天空范围内，这个"圆饼"的中央比周围厚一些，光线从

"圆饼"的一端跑到另一端要10万光年。

我们的太阳系是银河系里的一员,太阳系所处的位置并不在银河系的中心,而是在距银河系中心约2.5万光年的地方。

当我们向银河系中心方向看时,看到的是银河系恒星密集的中心部分和大部分银河系,因此看到的星星就多;向相反方向看时,看到的只是银河系的边缘部分,因此看到的星星就少得多。

地球不停地绕太阳转动,北半球是夏季时,地球转到太阳和银河系中心之间,银河系的主要部分——银河带,正好是夜晚出现在我们头顶上的天空;在其他季节里,这也是恒星最多、最密集的部分,有的是在白天出现,有的是在清晨出现,有的是在黄昏出现,有时它们不在天空中央,而是在靠近地平线的地方,这样就不容易看到它们。 所以,在夏天晚上我们看到的星星比冬天晚上看到的要多一些。

延 伸 阅 读

地球的大气层是动荡不定的,气流与涡流随时都在形成、扰动和消散之中。这些流变就像透镜与棱镜一样,会让星光的位置每秒钟微改变好几次,所以星光快速地左右偏移,亮度就会跟着闪烁不定。

冷热共栖的怪星

发现怪异星体

2008年，美国"凤凰号"探测器在火星着陆探测并返回地球，在拍摄到的照片中，发现离火星不远处有一颗怪异的星体，根据照片上的颜色考证：它可能是天文界争议已久的一种冷热共栖星体。

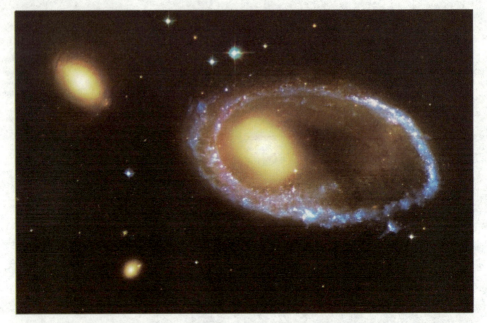

关于这颗星体的照片显示：星体中心是一种低温体，但是它的周围有一层高温星云包层，其表面温度至少高达几十万摄氏度。

这是一种什么星体呢？为何一颗星体会容纳如此之大的温差呢？天文学家经过慎重研究与考证后认为，ASD星体是一颗名副其实的冷热共生星体。

共生星的得名

关于这种怪异星体的发现，最早是在20世纪30年代。当时，天文学家在观测星空时发现了这种奇怪的天体。

对它进行的光谱分析表明，它既是"冷"的，只有2000摄氏度至3000摄氏度，同时又是十分热的，达到几十万摄氏度。也就是说，冷热共生在一个天体上。

1941年，天文学界把它定名为共生星。共生星体是一种同时兼有冷星光谱特征和高温发射星云光谱复合光谱的特殊天体。

几十年来，全球天文学家已经发现了约100多个这种怪星。许多天文学家为解开怪星之谜耗费了他们毕生的精力。

我国已故天文学家、前北京天文台台长程茂兰教授早在20世纪四五十年代在法国就对共生星进行过多种观测与研究，在国际上有一定的影响，我国另外一些天文学家也参加了这项揭谜活动。

一大奇谜

共生星成了现代宇宙学界的一大奇谜，国际上的天文学家为此举行了多次讨论会议。

在1981年的第一次国际"共生星现象"讨论会上，人们只是交流了共生星的光谱和光度特征的观测结果，从理论上探讨了共生星现象的物理过程和演化问题。

在那以后，观测共生星的手段有了很大发展。天文学家用X射线、紫外线、可见光、红外线及射电波段对共生星进行了大量观测，积累了许多资料。

到了1987年，在第二次国际"共生星现象"讨论会上，科学家们进行了多方面的成果公布与讨论，表明怪星之谜的许多方面虽然已为人类所认识，但它的谜底仍未完全揭开。

近些年，天文学家用可见光波段对冷星光谱进行的高精度视向速度测量证明，不少共生星的冷星有环绕它和热星的公共质心运行的轨道运动，这有力地说明共生星是双星。

　　人们还通过具有较高空间分辨率的射电波段进行探测，查明了许多共生星的星云包层结构图，并认为有些共生星上存在"双极流"现象。

"单星"说

　　最初，一些天文学家提出了"单星"说。他们认为，这种共生星中心是一个属于红巨星之类的冷星，周围有一层高温星云包层。

　　红巨星是一种晚期恒星，它的密度很小，体积比太阳大得多，表面温度只有两三千摄氏度。可是星云包层的高温从何而来，人们还是无法解释。

　　太阳表面温度只有6000摄氏度，而它周围的包层——日冕的温度却达到百万摄氏度以上。能不能用它来解释共生星现象呢？

日冕的物质非常稀薄，完全不同于共生星的星云包层。因此，太阳不算共生星，也不能用来解释共生星之谜。

"双星"说

哈佛大学天文学家亚瑟与西班牙科学家保认为，共生星是由一个冷的红巨星和一个热的矮星，即密度大而体积相对较小的恒星组成的双星。

但是，当时光学观测所能达到的分辨率不算太高，其他观测手段尚未发展起来，人们通过光学观测和红移测量测不出双星绕共同质心旋转的现象，而这是确定是否为双星的最基本物质特征之一。但是双星说并未能最后确立自己的阵地，有的天文学家就明确反对双星说。

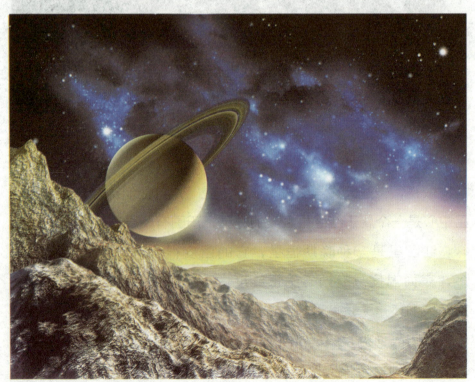

　　这其中一个重要原因是迄今为止未能观测到共生星中的热星。科学家们只不过是根据激发星云所属的高温间接推论热星的存在，从理论上判断它是表面温度高达几十万摄氏度的矮星。许多天文学家都认为，对热星本质的探索，应当是今后共生星研究的重点方向之一。

　　此外，他们认为，今后还要加强对双星轨道的测量，并进一步收集关于冷星的资料，以探讨其稳定性。

理论模型

　　有的天文学家对共生星现象提出了这样一种理论模型：共生星中的低温巨星或超巨星体积不断膨胀，其物质不断外逸，并被邻近的高温矮星吸积，形成一个巨大的圆盘，即所谓的"吸积盘"。吸积过程中产生强烈的冲击波和高温。

由于它们距离我们太远，我们区分不出它们是两个恒星，还是一个热星云包在一个冷星的外围。

其实，有的共生星属于类新星。类新星是一种经常爆发的恒星，所谓爆发是指恒星由于某种突然发生的十分激烈的物理过程而导致能量大量释放让星的亮度骤增许多倍的现象。

仙女座Z型星是这类星中比较典型的例子。这是由一个冷的巨星和一个热的矮星外包激发态星而组成的双星系统，爆发时亮

度可增大数十倍。它具有低温吸收线和高温发射线并存的典型的共生星光谱特征。

何时揭开共生星之谜

天文学家们指出，对共生星亮度变化的监视有重要意义。通过不间断的监视可以了解其变化的周期性及有没有爆发，从而有助于揭开共生星之谜。

但是，共生星光变周期有的达到几百天，专业天文工作者不可能连续几百天盯住这些共生星。因此，他们特别希望广大的天文爱好者能共同来完成这项实验。

　　揭开共生星之谜，对恒星物理和恒星演化的研究都有重要的意义。但要彻底揭开这个天体之谜，无疑还需要付出许多艰苦的努力。

延　伸　阅　读

　　自古以来，人类试图揭开宇宙奥秘的努力没有停止过。而且人类更希望探测到地外文明的信息，1981年经由美国总统卡特签署的一封发向太空的"邀请信"飞向遥远的太空，试图找到人类期盼已久的"邻居"。

神秘失踪的中华星

中国人发现的第一颗小行星

1928年11月22日，旅居美国的学者张钰哲在美国叶凯士天文台发现了一颗旧星空图上没有的小行星，临时编号1928UF。最后证实这是一颗从未被人发现的小行星，这是第一颗被亚洲人发现的小行星。

为表示对远隔重洋的祖国的怀念，张钰哲把它取名为"中

华"，这是个地道的"国货"，为中国小行星研究工作打响了第一炮，因此成为中国现代天文学史上的一大光荣事迹。

张钰哲在美国发现的这颗小行星，由于当时没有较大的天文望远镜来做长期跟踪观测，后来便一直没有找到它的下落，仅作为似曾相识的小行星留在人们的脑海里。

1949年后，紫金山天文台工作人员在张钰哲台长的指导下，坚持不懈地开展小行星的观测工作，终于在1957年10月30日，从万千繁星中找到了一颗与1928UF轨道相似的小行星，正式编号

1125，并命名为"中华"。

后来，美国叶凯士天文台又观测到800多颗新的小行星，其中40多颗获得了正式编号，并被赋予富有中国特色的名字，如1125中华、1802张衡、1888祖冲之、2045北京、2078南京小行星等。

许多年后的再观测

20世纪50年代，张钰哲从美国留学归来，准备对"中华"再次进行观测。

1957年10月，他利用紫金山天文台的一架0.6米望远镜寻找这颗小行星。这期间，他与同事已发现了好几颗小行星，其中有一颗与"中华"非常相似，但不能确定。他发表了一篇文章介绍自己的观测结果。

1977年，张钰哲仍未找到原"中华"的踪影，但是对那颗酷

似"中华"的小行星有了很准确、很精密的结果。后来，国际小行星中心决定用这颗小行星替代"中华"。

原来的"中华"到底是不是现在的这颗，它是否还在太空中遨游，如果它已不存在，那它突然失踪的原因又是什么呢，这许许多多的疑问只是一个谜，一时之间还没法解答。

延 伸 阅 读

张钰哲是我国著名的天文学家，被称为"中华星"之父。1978年，国际小行星组织为表彰张钰哲的杰出贡献，决定把美国哈佛大学天文台于1976年发现的一颗正式编号为2051的小行星命名为"张"。

脉冲星的灯塔效应

脉冲周期

脉冲星有个奇异的特性，即拥有短而稳的脉冲周期。所谓脉冲就是像人的脉搏一样，一下一下出现短促的无线电信号，如贝尔发现的第一颗脉冲星，每两脉冲间隔时间是1.337秒，其他脉冲还有短到0.0014秒的，最长的也不过11.765735秒。

那么，这样有规则的脉冲究竟是怎样产生的呢？

灯塔效应

天文学家研究指出：脉冲的形成是由于脉冲的高速自转。原理就像我们乘坐轮船在海里航行，看到过的灯塔一样。设想一座灯塔总是亮着并且在不停地有规则自转，灯塔每转一圈，由它窗口射出的灯光就射到我们的船上一次。就这样不断旋转，在我们看来，灯塔的光就连续地一明一灭。

脉冲星每自转一周，我们就接收到一次它辐射的电磁波，于是就形成一断一续的脉冲。脉冲这种现象，也就叫灯塔效应。脉冲的周期其实就是脉冲星的自转周期。

中子星的亮斑

灯塔的光只能从窗口射出来，是不是说脉冲星的辐射也只能从某个窗口射出来呢？

脉冲星就是中子星，而中子星与其他星体发光不一样，太阳表面发亮，中子星则只有两个相对着的小区域才能发亮，其他地方光是跑不出来的。即是说中子星表面只有两个亮斑，别处都是暗的。

中子星的窗

这是什么原因呢？原来，中子星本身存在着极大的磁场，强磁场把辐射封闭起来，使中子星辐射只能沿着磁轴方向，从两个磁极区出来，这两个磁极区就是中子星的窗口。

中子星的辐射从两个窗口出来后在空中传播，形成两个圆锥形的辐射束。若地球刚好在这束辐射的方向上，我们就能接收到辐射，并且每转一圈，这束辐射就扫过地球一次，也就形成了我们接收到的有规则的脉冲信号。

专家的讨论

几乎所有的专家都相信上述这种灯塔模型，但是也有离经叛道的不同意见被提了出来。新的观点认为脉冲星的发光不是源自

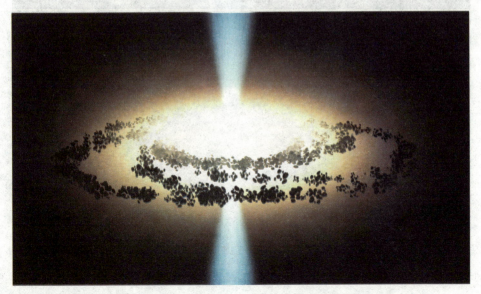

它的磁极，而是来自它的周围。

这种观点同时认为，脉冲星发出脉冲光是因为它的磁场在高速地翻转振荡，激变的磁场造成星体周围出现了极高的感生电场。这个感生电场的峰值出现在磁场过零点附近，并且加速带电粒子使其发出同步辐射。这就可以解释脉冲信号的产生机理。

灯塔模型是现在最为流行的脉冲星模型，而磁场震荡模型还没有被人普遍接受。

脉冲星的发现

1967年10月，英国剑桥大学卡文迪许实验室的安东尼·休伊什教授的研究生、24岁的乔丝琳·贝尔检测射电望远镜收到的信号时无意中发现了一些有规律的脉冲信号，它们的周期十分稳定，为1.337秒。起初她以为这是外星人"小绿人"发来的信号，但在接下来不到半年的时间里，又陆陆续续发现了数个这样的脉

冲信号。

后来人们确认这是一类新的天体，并把它命名为脉冲星。脉冲星与类星体、宇宙微波背景辐射、星际有机分子一道，并称为20世纪60年代天文学"四大发现"。安东尼·休伊什教授本人也因脉冲星的发现而荣获1974年的诺贝尔物理学奖。至今，脉冲星已被我们找到了1620多颗，并且已得知它们就是高速自转着的中子星。

脉冲双星是1974年由美国马萨诸塞大学的罗素·胡尔斯和约瑟夫·泰勒使用放在波多黎各的阿雷西博射电望远镜发现的。胡

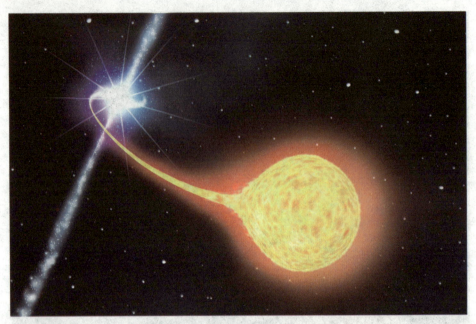

尔斯当时是研究生，主持一项用该望远镜搜索脉冲星计划的日常工作，他的导师泰勒则是这一计划的总负责人。1974年，他们在那个夏天的发现和研究成果异常重要，并于1993年因脉冲双星研究而双双荣获诺贝尔奖。

延 伸 阅 读

2011年11月3日，美国航天局称，多国合作的费米伽马射线太空望远镜在巡天观测中，发现了一颗年龄为2500万年的脉冲星，这也是人类迄今发现的最年轻的脉冲星。

陨石雨的未解之谜

波兰华沙陨石雨

1935年3月12日在波兰华沙的洛维茨西南曾出现过一次陨石雨，在9平方千米的地面上，找到58块陨石，一共重59000克，其中最重的一块陨石约10千克。

在法国蒙多邦城南郊的奥科格伊小村，1864年5月14日20

时，天空忽然出现一颗比月球还大、周围发射火花的流星，向各方散出炽热的碎片。

约5分钟后，人们听见雷霆般的响声，在村子附近，石头像雨点一般落下。村民拾取这些陨石时，陨石还是烫的，有的人手指还被烫伤，草也被热气烤焦变黄。

科学家对一些表面熔融得像涂上黑漆般的陨石进行化学分析，得知这些陨石内含有铁和镁的碳化物以及磁性硫化铁等。

陨石里面有什么

1969年2月8日，在墨西哥阿仑德一带，下了一场规模不小的陨石雨，降落范围估计在260平方千米。收集到2000千克以上的陨石，其中最大的一块重约110千克，科学家通过对陨石的化学成分分析，发现里面含有钙、钡、钕等元素。这几种元素按照目前关于太阳系起源的原理，是很难形成的。

陨石里为什么会有这几种元素呢？于是有人联想到太阳伴星问题。在天文学上，人们习惯把较亮的那颗星叫主星，较暗的一颗叫伴星，人们把这样成双成对的星星称为双星，相对于双星的是单星，此外，还有聚星。

在银河系里，双星、聚星占多数，单星很少，太阳就是其中的一颗。

陨石里的三种原素来自哪里

有人曾对此持怀疑态度，认为太阳有可能是有伴星的。1984

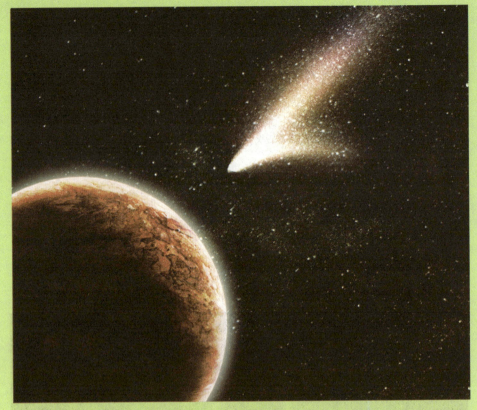

年，美国加利福尼亚大学教授马勒和同事共同提出了太阳系伴星的假说。与此同时，美国路易斯安纳州的一位大学教授维持密利和密克逊等人也提出了同一假说。

他们认为，太阳还应与一个未发现的恒星组成双星系统，那颗伴星很可能是一颗暗弱的矮星，质量是太阳的1/10，大约每2600万年与太阳接近一次。

天文学家一直试图从距离较近的5000多颗恒星中寻找这颗伴星，但一直没有找到。

科学家们通过对阿仑德陨石雨的研究，又为寻找太阳的伴星带来新的希望。

天文学家们的推测

根据阿仑德陨石雨的研究分析，天文学家们曾作过这样的推测，大约在50亿年以前，太阳系还是一团气体和尘埃，离它很近的一颗恒星不知什么原因发生了大爆炸，把许多物质抛向了天空，其中就有钙、钡、钕极为稀少的元素，其中一部分被抛入太阳星云，使太阳星云猛烈收缩，其核心部分形成了太阳，周边部分成了行星。

阿仑德陨石可能就是50亿年前爆炸的那颗恒星抛入空间的物质。太阳的这颗伴星与太阳的距离将比地球轨道远1000倍，约1500亿千米。

那么，科学家为什么没有找到这颗伴星呢？有人认为它可能

是一颗太暗的中子星，也可能是一个黑洞，所以人们没有见到它。阿仑德陨石中的稀有元素到底来自何处，谜底还有待于科学家们进一步的探索。

延 伸 阅 读

较大的陨石在陨落过程中飞行，由于受到高温、高压气流的冲击，会在半空发生爆裂。爆裂开的碎块会像雨点一样散落到地面，这种现象称为陨石雨。

红色飞球从哪来的

神秘的红色飞球

1986年2月28日19时55分，俄罗斯远东小城达利涅戈尔斯克的居民们，亲眼目睹了一场空中奇观：一个从西南方向飞来的有点发红的飞球，横贯该城上空，陨落在市郊的一个叫"611高地"的山顶上。

它飞行时与地面平行，无声无息，而且不留任何痕迹。

离飞球最近的一个目击者当时正在汽车站等车，飞球从他头顶掠过。

机械师坎达科夫说："这个飞球的直径看上去约2米至3米，呈球形，既没有突出部分，也没有凹陷部分，其颜色恰似烧得有点发红的不锈钢。"

许多目击者都以为飞球落地时会发生爆炸，可出人意料的是：只有一个目击者听到轻微而低沉的撞击声。飞球陨落时将突出的悬崖撞碎一块，受撞击的岩石急剧变热发光，其光亮度与电焊时产生的弧光相似。

科学家的推断和假说

事发后，俄罗斯科学院远东分院派出一个科学家调查小组赶赴飞球陨落现场，进行了两昼夜的调查，并对天降飞球事件提出了种种推断和假说。

有人认为，这是自然界中产生的一次极为罕见的球状闪电现象。

还有人认为，它是一颗年久老化脱轨的人造卫星，掉入大气层烧毁后坠到地上。

另一些人推断，这也许是运载火箭与星体分离后坠入大气层燃烧变成火球掉到地上的。

但一些权威学者却倾向于这样一种观点：天降飞球很可能是外星智能生物掉落的一个装置。

小铅粒的构造

详尽考察后发现，现场散落着总重约70克的铅合金球粒，它们散落在岩石碎块和附近的岩壁中，还有些铅粒被埋在灰烬和泥土里，小铅粒的直径约0.005米，大的可达0.003米至0.006米。这些铅粒中，有4颗呈边缘锋利的不规则六边形，重量最大的约0.002千克。大部分铅粒呈水珠状。

铅粒的成分复杂，许多铅粒是纯铅，而有些铅粒却含有许多杂质。化验鉴定表明，其中一颗含有4种至5种元素，而另一颗则由8种至17种元素组成，其中有稀土元素镧、锆、镨、铈、钼、钨……甚至还有钇，而大部分成分为钠和钾。

通过电子显微镜观察发现，几乎所有的小铅粒都具有通向其

内部的小孔，这些小孔是否是人为的机械加工而成，长期以来一直是个谜。

网状物质是什么

发现的第三种物质是网状物质，这是一种黑色发脆的类玻璃物质。俄罗斯的碳专家库里科夫惊叹道："这到底是何物？眼下真令人费解。它像碳素玻璃，但生成条件却尚不确知。它有可能是在普通火灾中生成的，但也可能是在超高温条件下的产物。"

科学家实验发现，网状物质经过液氮的沐浴后会被拉向磁铁一方，即表现出与玻璃陨石相似的磁特性，在常态下能生成绝缘体，稍一加热可生成半导体，若在真空中加热则生成导体。

这种网状物质在真空中能耐受住3000摄氏度高温，在空气中

温度一旦达到8900摄氏度就会燃烧。它还含有金、银、镍、镧、镨、钠、钾、锌、铅、钇等元素。

最令人费解的是，对网状物质进行真空加热后，它内部原先所含的金、银和镍不但突然不翼而飞，而且又神奇般地出现了原先所没有的钼元素。

延 伸 阅 读

线状闪电，犹如枝杈丛生的一根树枝，蜿蜒曲折。线状闪电与其他闪电不同的地方是它有特别大的电流强度，平均可以达到几万安培，在少数情况下可达20万安培。

为什么会出现滚雷

闪电与滚雷

闪电是常见的自然现象，夏天暴风雨来临的时候，天空会突然出现一道白光，紧接着就是"轰隆隆"的响声。

闪电和响声，这是雷电的基本特征。在雷电发生的时候，还能看到它的形状，大多是"ㄅ"形，也有条状和片状，都是一闪而过，给人强烈的印象。

有一种奇特的闪电，总是飘飘忽忽，缓慢地移动，能持续几秒钟，民间称它为滚雷，科学家叫它球状闪电。球状闪电是一个无声的火球，直径大多为0.1米至0.2米，消失的时候，可能有爆

炸声，也可能无声无息。球状闪电不放白光，可能是红色、黄色，也可能是橙色，它有时会出现在高空，有时会出现在地面附近，甚至会穿过玻璃闯进建筑物，飘进密闭的飞机机舱。

球状闪电捣的鬼

1962年7月的一天，在著名的泰山上，一个球状闪电穿过紧闭的玻璃窗，钻进一间民房，缓慢地在室内飘动，最后钻进了烟囱，在烟囱口爆炸，只炸掉烟囱的一个角，民房内仅仅震倒一个热水瓶。

在欧洲，一个雷声隆隆的夜晚，有人看到一个黄色的火球从树上滚下来，黄色变蓝色，蓝色变红色，越滚越大，落到地面，一声巨响，变成3道光，向3个方向飞去，其中一道光击倒了一个人。

200多年前，俄国科学家里奇曼研究雷电，重复富兰克林的风筝实验，没料想一个球状闪电脱离避雷针，无声无息地飘在实验室内。

这个只有拳头大的火球在靠近

里奇曼脸部的时候突然爆炸。里奇曼立即倒地死去，脸上留下了一块红斑，有一只鞋被打穿了两个洞。

球状闪电是怎么形成的

至目前为止，球状闪电是怎么形成的？只能说"不知道"。曾经有科学家做过一些解释，但还没有统一的看法。

一种看法是美国科学家提出来的，他们在北美洲平原拍下了12万张闪电照片，得出一个看法：球状闪电是从常见的闪电末端分离出来，是一些等离子体凝结而成的。

另一种看法是苏联科学家提出来的。大气物理学家德米特里耶夫有一次巧遇，1956年，他在奥涅加河边度假。

有一天傍晚，遇上了暴风雨和雷电，突然他看到一个淡红色的火球，在离地面一人高的地方朝着他滚来，火球边缘放出黄色、绿色和紫色的小火花，发出"噗噗"的声音。

火球滚到他眼前，拐了个弯向上升起，滚到树丛中消失了。

德米特里耶夫出于职业敏感，立即采集了球状闪电经过的地方的空气，拿到实验室一分析，空气里的臭氧和二氧化增加了。

科学家的理论分析

于是，有些科学家就做了一些理论分析，估计球状闪电内部的温度达到1500摄氏度至2000摄氏度，在这样的温度下，空气中的氮的性质发生了变化，从不活泼变得活泼起来，并能与空气中的氧生成二氧化氮。同时，在2000摄氏度的高温下，也容易形成臭氧，臭氧很不稳定，又分解开来并放出能量，空气的温度迅速上升，人们就看到了火球。

实验证明，二氧化氮和臭氧两种气体同时存在的时间，大约为14秒至2400秒。这种说法可以归结为空气中存在着发光气体。

还有两种看法是：等离子层内的微波辐射；空气和气体活动出现反常。

延 伸 阅 读

球状闪电的行走路线，一般是从高空直接下降，接近地面时突然改向做水平移动；有的突然在地面出现，弯曲前进；也有沿着地表滚动并迅速旋转的，运动速度常为每秒1米至2米。

微波辐射是指物体辐射的电磁波波长在0.001米至1米范围内的电磁辐射。微波与红外线相对，是物体低温条件下的重要辐射特性，温度越低，微波辐射越强。

为何白天出现黑暗

白天变成了黑夜

在晴朗的日子里，阳光灿烂，可突然间就漆黑如黑夜一般，短时则几十分钟，长时则延续到黑夜。

这既不是日食，也不是发生在龙卷风之前。这种区域性的暂时情况，在我国和世界许多地方都曾出现。

1944年秋天的一个下午，在我国班吉境内，晴朗的天空突然一片漆黑，伸手不见五指。

人们惊慌失措，呼天喊地，一片混乱，觉得要天塌地陷了。大约一个小时的工夫，才恢复了光明。

阳光依旧普照大地，渐渐平静下来的人们，却对那奇异的时刻记忆犹新。

美国和英国的黑夜

美国新英格兰垦区，1980年5月19日早晨，人们和往常一样忙忙碌碌地去上班。

10时，突然天昏地暗，好像进入了茫茫黑夜，每个人都惊恐万分。这种现象竟然持续到第二天黎明。

　　在英国的普雷斯顿，也曾出现过白天里的黑暗。1884年4月26日天空由灰变暗，天渐渐黑下来，约20分钟后才又出现阳光。

　　据当时的人们回忆说，这种白天里出现黑暗的现象都是突然发生的，之前没有发现什么异常征兆，之后也没有发生其他异常情况。

科学家们的说法

为什么会出现这种天象呢？连科学家们也都说法不一，有的说和火山爆发有关，有的说很可能与天外星球来客有关，天外来客从地球上空穿过，又悄悄而去，造成地球上某个地方的暂时黑暗。迄今为止，这种现象仍披着一层神秘的面纱。

延 伸 阅 读

　　2006年4月1日13时10分左右，山东莱州飘洒着春雨的天空突然变成了黑夜，一时间，整个城市都笼罩在黑暗之中，直至15时30分，阵阵大风才把光明重还这座城市。

太阳起源的学说

太阳起源的灾变学说

这个学说的首创者是法国的布封。20世纪初期，就有一些人相继提出太阳系起源于灾变。这个学说认为太阳是先形成的，一个偶然的机会，一颗恒星或彗星从太阳附近经过或撞到太阳上，它把太阳上的物质吸引出或撞出一部分，这部分物质后来就形成了行星。

根据这个学说，行星物质和太阳物质应源于一体。它们有"血缘"关系，或者说太阳和行星是母子关系。他们都把太阳系起源归结为一次偶然撞击事件，而不是从演化的必然规律去进行客观的探讨，因为银河系中行星系是比较普遍的，太阳系绝不应是唯一的行星系。只有从演化的角度去探求才有普遍意义。

就撞击来说，小天体如果撞击到太阳上，它的质量太小，不可能把太阳上的物质撞出来，小天体必被太阳吞噬掉。1994年彗星撞击木星就是极鲜明的例证：21块残骸对木星发起连续的攻击，仅在木星表面引发一点小小涟漪，被消化掉的是彗星。如果说恒星与太阳相撞，这种概率就更小了。因此，曾提出灾变学说的一些人，后来也自动放弃了原有的观点。

太阳起源的星云说

星云说首先由德国哲学家康德提出来，几十年以后，法国著名数学家拉普拉斯又独立提出了这一问题。他们认为，整个太阳系的物质都是由同一个原始星云形成的，星云的中心部分形成了太阳，星云的外围部分形成了行星。

然而康德和拉普拉斯也有着明显差别，康德认为太阳系是由冷的尘埃星云的进化性演变，先形成太阳，后形成行星。拉普拉斯则相反，认为原始星云是气态的，并且十分灼热，因其迅速旋转，先分离成圆环，圆环凝聚后形成行星，太阳的形成要比行星晚些。

尽管他们之间有这样大的差别，但他们的大前提是一致的，因此人们便把他们捏在一起，称为"康德——拉普拉斯假说"。

太阳起源的俘获学说

这个学说认为太阳在星际空间运动中，遇到了一团星际物质。太阳靠自己的引力把这团星际物质捕获了。后来，这些物质在太阳引力作用下加速运动。类似在雪

地里滚雪球一样，由小变大，逐渐形成了行星。根据这个学说，太阳也是先形成的。但是，行星物质不是从太阳上分出来的，而是太阳捕获来的。它们与太阳物质没有"血缘"关系，只是"收养"关系。

尽管各种假说都有充分的观测、计算和理论根据，也都有致命的不足，所以一直也没有一种被普遍接受的假说。太阳系的形成在等待着新的假说。

延 伸 阅 读

1942年瑞典天体物理学家阿尔文提出了自己的星云假说。他认为，太阳先形成，行星和卫星则是由远处下落到太阳附近的弥漫物质形成的。按照他的说法，质量巨大的缓慢旋转的太阳星云，在引力的作用下不断坍塌，直至一个不稳定的原太阳形成之后才终止。

太阳对地球的影响

太阳引起天气变化

谁都知道太阳对地球气候的影响是由于地球绕太阳公转，同时又绕自身极轴自转而造成的，但太阳对地球的其他影响你知道吗？

19世纪时，著名天文学家赫歇尔指出，地球雨量多少与太阳黑子有关。异常的降水或天气冷暖都与太阳黑子活动周期有关。

太阳引发地震

科学家玛莎·亚当斯提出了一个惊人的观点：太阳是引发地

震的原因。

　　她指出，当太阳产生耀斑时，温度高达2000万摄氏度，爆发能量相当于百万吨级的氢弹。

　　耀斑发射辐射能，电磁场携带高能粒子冲击地球，会使地壳的许多岩石产生受压放电和伸缩现象，使积聚着巨大能力的断层发生共振，导致地壳板块发生断裂、错动或滑移，引发地震。但玛莎的观点还没有足够的统计资料来证明，所以，没有多少科学家赞同。

太阳风暴影响

　　太阳风暴会干扰地球的磁场，使地球磁场的强度发生明显的变动；它还会影响地球的高层大气，破坏地球电离层的结构，使其丧失反射无线电波的能力，造成我们的无线电通信中断。

它还会影响大气臭氧层的化学变化，并逐层往下传递，直至地球表面，使地球的气候发生反常的变化，甚至还会进一步影响到地壳的变动，引起火山爆发、地震、海啸等自然灾害的发生，给地球带来灾害。

太阳影响创造活动

　　太阳活动除了影响地球生物规律变化外，有人指出，它还对人类的创造活动有着极大的影响。

　　苏联科学家伊德利斯曾指出，牛顿、库仑、法拉第等著名科学家一生有很多重要发现和发明，如果把他们的活动列表，就会发现一个周期，时间间隔恰为11.1年，基本上和太阳活动周期等同。

　　有些人还列出一些艺术家的创造活动，如著名音乐家肖邦的两首钢琴协奏曲、门德尔松的《苏格兰交响曲》、贝里尼的《梦游者》等作品都是在1829年至1830年间完成的，而1830年正是太阳活动高峰期。

太阳影响神经系统

针对上述奇妙现象，一些科学家解释说，强烈的太阳活动对人的神经系统有影响，这是因为它影响地球的磁场而造成的。

也有人认为，地球的土壤和岩石内存在一些放射性元素氡，它对人的影响很大。

当太阳活动剧烈时，特别是耀斑的爆发常使大气中放射性的氡含量增加，激发了人的创造力。但这种猜测受到许多人的怀疑。

太阳对地球、对人类到底有哪些方面的影响，影响到什么程度，至今还无法解答，有待科学家的进一步研究。

延 伸 阅 读

太阳耀斑：别看它只是一个亮点，一旦出现，简直是一次惊天动地的大爆发。这一增亮释放的能量相当于10万至100万次强火山爆发的总能量，或相当于上百亿枚百吨级氢弹的爆炸；而一次较大的耀斑爆发，在二十分钟内可释放1025焦耳的巨大能量。

太阳与人类的关系

太阳系的王者

"万物生长靠太阳"，的确，太阳对我们这些以地球为家的人类来说太重要了。太阳是太阳系的中心，在太阳系里它是"王者"，几乎主宰了太阳系里的一切。

然而，在整个宇宙中，太阳是那样的不起眼，整个宇宙中像银河系这样的星系，大约有1000亿个，而银河系中的恒星大约有1200亿颗或更多，太阳不过是其中十分普通的一员。同在银河系

的牵牛星与织女星都比太阳大很多。

　　人类自有文明以来，不断地探索认识客观世界，对太阳也不例外。开始人类是把它作为神来崇拜，我们中华民族的先民把自己的祖先炎帝尊为太阳神。

　　最早期的人们认为天圆地方，再后来认识到地球是一个圆球，但不论其形状怎样改变，在很长一段时间里，人们一直认为地球是宇宙的中心。直至16世纪哥白尼创立了日心说，而支持这一学说者包括布鲁诺、伽利略却都因此而受到教廷的残酷迫害。

　　当然，以后证明太阳也不是宇宙的中心。但哥白尼等人的贡献是伟大的，他们的理论从根本上动摇了欧洲中世纪宗教神学的理论基础，恩格斯曾说："从此，自然科学便开始从神学中彻底地被解放出来。"

太阳的功能

　　我们的太阳系，除太阳以外，还有8颗大行星，这些行星周围有几十颗卫星，还有无数的小行星及相当数量的彗星，太阳占了太阳系总质量的98%以上。太阳与地球的距离约1.5亿千米，它的半径约69.6万千米，是地球的100多倍，太阳表面温度约6000摄氏度，中心温度大于1500万摄氏度。

太阳的构造，大体上是核心、辐射层、对流层、光球、色球和日冕，我们通常看到的是它的光球。

事物总是发展的变化的，有始也有终。据研究，太阳形成于50亿年前，它的寿命（指主序星阶段）还有50亿年，现在处于相对成熟稳定的阶段，有利于地球上生命的存在和发展。

宇宙中不同质量的恒星其演变历程也有所不同，像地球这样中等个头的恒星，现在属于黄矮星，几十亿年后将成为一颗红巨星，最终成为白矮星乃至"熄灭"。地球是太阳系的一员，应该是与太阳同呼吸共命运的。

太阳是一个巨大的核聚变反应堆，主要是氢聚变为氦，发出巨大的能量。以它的光芒照射着我们的地球，是地球能量的主要

来源，我们所感受到的太阳的存在，是它的辐射。

太阳的辐射，主要是可见光，还有红外线和紫外线，可见光占太阳辐射总量的50％，红外线占43％，紫外线只占能量的7％。

据粗略估计，太阳每分钟向地球输送的热能大约是250亿亿卡，相当于燃烧4亿吨烟煤所产生的能量。

平均日地距离时，在地球大气层上界垂直于太阳辐射的单位表面积上所接受的太阳辐射能每平方米为1353瓦，这是相当可观的，到达地球表面的辐射能则因大气和尘埃的反射、折射有一定的衰减，并随纬度的不同而有差异。

煤炭和石油则是通过生物的化石形式保存下来的亿万年以前的太阳能，风能、水力归根结底也是太阳能的转化形式。

太阳能的利用

生命起源需要能量，生命维持和延续也需要能量。一定的温度条件也是生物生存和延续所必需的，最低限度是水必须保持液态。太阳给我们带来温暖和光明，提供了必需的能量。如今对太阳能最主要的利用是通过植物的光合作用来实现的。有资料表明地球上的植物每年固定了$3×10^{21}$焦耳的太阳能，相当于人类全部能耗的10倍，合成近2000亿吨有机物。

对我们人类来说，通过光合作用不断产生的有机物是太阳最基本的恩赐。太阳辐射还能帮助我们推动地球上物质的循环和流动。日光中的紫外线能杀灭许多有害的微生物，照射皮肤可以将摄入的一些营养成分转化为我们所必需的维生素D，帮助钙的吸收利用。

当今通过科学技术装备，人们扩大了对太阳能的直接或间接的利用。最简单的就是太阳能热水器，再就是太阳能发电，用太

阳能驱动车辆。日光被聚焦后能达到很高的温度，现在世界上最大的抛物面型反射聚光器有9层楼高，总面积2500平方米，焦点温度高达4000摄氏度，许多金属都可以被熔化。

地球上的化石能源逐渐趋于枯竭，环境污染也日益严重，科学家对安置在地面或太空中的太阳能电站寄予很大的期望。由于在高空的静止轨道上每天可以有90％以上的时间受到阳光照射，并没有大气层的阻挡衰减，据计算每天每平方米能接收太阳能32千瓦时。

在20世纪70年代，美国国家航空和宇宙航行局和能源部曾提出了一个空间太阳电站方案，如果在静止轨道上部署60个发电能力各为500万千瓦的太阳能电站，可以基本上满足本国对电能的需要。

日本有一个计划，在若干年后将一颗发电能力为100万千瓦时的卫星，送上距离地球表面约3.6万千米的轨道。甚至还有科学家

设想在月球上建立太阳能电站。

　　我国的西藏、青海等地区，日照比较强，近年来地面的太阳能发电装置发展较快。

　　西藏平均海拔4000米，是世界上离太阳最近的地方，空气稀薄，透明度好、纬度低，年日照时数在3000小时左右，太阳能年辐射总量为每平方厘米185千卡以上，据测算西藏通过太阳能的开发利用，年节能相当于燃烧12.7万吨的标准煤。

太阳的危害

　　然而太阳对我们也不是有百利而无一弊的，相对稳定不等于不变，地球上许多地质和气象灾害都与太阳活动有关。大范围来说，地球的发展史上有过多次冰河期，每次冰河期地球气候变冷，甚至导致生物物种的大量灭绝，10000年前，最后一次冰河期

结束，地球的气候才相对稳定在当前人类习以为常的状态。小范围来说，约11.2年的太阳黑子周期，对地球的气候等方面也有相当的影响。

太阳风也是一种太阳辐射，它是带电粒子流。在太阳黑子、耀斑增多和日冕物质喷发时，会使太阳风大大增强，成为太阳风暴，引起大气电离层和地磁的变化，会严重干扰地球上无线电通讯及航天设备的正常工作，使卫星上的精密电子仪器遭受损害，地面电力控制网络发生混乱，甚至可能对航天飞机和空间站中宇航员的生命构成威胁。

2000年起，伴随着太阳黑子的增多，太阳活动又一次进入活跃期，2001年9月下旬太阳发生了一次强烈的X射线爆发和质子爆发，达到正常流量的10000倍，对跨越极地地区的短波通信、广播等造成了一定影响。

2000年全球地震加剧与太阳风暴影响地球磁场有关。有的科学家把太阳风暴比喻为太阳打"喷嚏"，太阳一打"喷嚏"，地球往往会发"高烧"。

风是好东西，空气的流动可以使不同地区的空气组成趋向均一，可以减少温差、传播花粉等，但如龙卷风、热带气旋、台风、风暴潮往往造成生命财产的巨大损失。雨也是我们所不可或缺的，但是频繁的洪涝灾害，对人类正常的生产、生活破坏也是严重的。

全球气候变暖

人为的因素往往加剧自然灾害，除污染问题外，突出的是温室效应，大气层中日益增多的二氧化碳、甲烷等能阻挡地球热量的散发，如同温室的塑料薄膜。

近年来全球的政府机构和科学家都十分关注全球气候变暖的问题。据观测，从19世纪末开始全球平均气温上升了0.3摄氏度至0.6摄氏度，而且正在不断加剧。

大多数科学家认为，温室效应的主要原因是大量温室气体排放造成的。20世纪90年代，全球发生的重大气象灾害比50年代多5

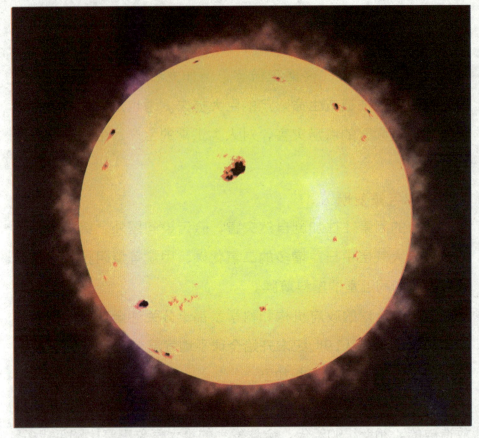

倍，因此遭受的年均经济损失也从60年代的40亿美元飚升至290亿美元。

专家预言若不采取措施，在未来的100年中全球平均气温可能上升1.4摄氏度至5.8摄氏度，这将使极端天气和气候事件更为频繁，严重威胁全球社会经济的可持续发展。

气候变暖将导致海平面升高。有一份以3000名科学家的调查为基础撰写的报告，预言2010年后海平面将显著上升，首当其冲的是太平洋岛国图瓦卢，目前海水已经侵蚀了图瓦卢1%的土地。如果地球环境继续恶化，在50年之内，图瓦卢的9个小岛将全部没入海中，在世界地图上永远消失。

20世纪开始，由于人类活动等原因，地球上空的臭氧层变薄并出现空洞，太阳辐射中的紫外线失去阻挡，大量到达地面，人类和生物将因此而受到过强紫外线的伤害。

合理利用太阳能

确实，我们人类没有能力改变宇宙演化规律，没有能力改变太阳这个庞然大物的生老病死和喜怒哀乐。有的科学家设想地球人口过多或在遥远的将来地球环境变得不适合人类居住的时候，可以向其他星球移民。即使可能实现，也只是不得已的措施。在

今天，我们必须面对现实，必须进一步深入地研究太阳，更多地了解它的实际和运动规律，趋利避害，更好地利用它，例如在太阳能的利用方面应该还有许多可能，包括用生物技术改造藻类、植物的光合作用能力。与此同时采取措施规避它的危害，加强对太阳活动的观测，提高气象、地质灾害的预报水平；特别要减少温室气体的排放，保护和恢复臭氧层。

延 伸 阅 读

对于人类来说，太阳无疑是宇宙中最重要的天体。没有太阳，地球上就不可能有姿态万千的生命现象，当然也不会孕育出作为高等生物的人类。太阳给人们以光明和温暖，它带来了日夜和季节的轮回，左右着地球冷暖的变化，也正因此，太阳成为永恒的象征，在很多文学作品及歌曲中得到颂扬传唱。

恒星起源的假说

恒星产生的两种假说

一种是超密说。它是由苏联著名天文学家阿姆巴楚米扬在1955年提出的。他认为，恒星是由一种神秘的"星前物质"爆炸而形成的。具体地讲，这种星前物质体积非常小，密度非常大，但它的性质人们还不清楚。不过，多数科学家都不接受这种观点。

与"超密说"不同的是"弥漫说"。其主旨认为恒星是由低密度的星际物质构成。它的渊源可以追溯至18世纪的康德和

拉普拉斯提出的"星云假说"。星际物质是一些非常稀薄的气体和细小的尘埃物质，它们在宇宙中各处构成了庞大的像云一样的集团。

星云是构成恒星的物质

从观测结果来看，星云分为两种：被附近恒星照亮的星云和暗星云。它们的形状有网状、面包圈状等，最有名的是猎户座的暗湾，其形状像一匹披散着鬃毛的黑马的马头，因此也叫马头星云，美国科普作家阿西莫夫说它更像迪斯尼动画片中的大灰狼的头部和肩部。

星云是构成恒星的物质，但真正构成恒星的物质非常大，构成太阳这样的恒星需要一个方圆900亿千米的星云团。

星云聚为恒星的过程

从星云聚为恒星分为快

收缩阶段和慢收缩阶段。前者历经几十万年，后者历经数千万年。星云收缩最后形成一个星胚，这是一个又浓又黑的云团，中心为一密集核。此后进入慢收缩，也叫原恒星阶段。这时星胚温度不断升高，高到一定的程度就要闪烁身形，以示其存在，并步入幼年阶段。但这时发光尚不稳定，仍被弥漫的星云物质所包围着，并向外界抛射物质。

恒星自身的演化

恒星的演化开始于巨分子云。一个星系中大多数虚空的密度是每立方厘米大约0.1个至1个原子，但是巨分子云的密度是每立方厘米数百万个原子。一个巨分子云包含数十万至数千万个太阳质量，直径为50光年至300光年。

在巨分子云环绕星系旋转时，可能会造成它的引力坍缩。巨

分子云可能互相冲撞，或者穿越旋臂的稠密部分。邻近的超新星爆发抛出的高速物质也可能是触发因素之一。最后，星系碰撞造成的星云压缩和扰动也可能形成大量恒星。随着科学技术的不断发展，人类对恒星的起源问题会有更深刻的认识。

延 伸 阅 读

恒星都是气体星球。晴朗无月的夜晚，在无光无染的地区，一般人用肉眼可以看到 6000多颗恒星。借助于望远镜，则可以看到几十万乃至几百万颗以上。估计银河系中的恒星大约有1500亿至2000亿颗。

解释星系撞击

星际大撞击

1994年7月的"彗木之吻"使天文学家们亲眼目睹了一场天体大撞击的宇宙奇观和悲剧般的后果。然而，这不过是在太阳系里的一次普通天体撞击现象。

倘若两个从对面飞驰而来的星系相撞，哪怕是彼此擦肩而过，那也是天体力学上一个惊人庞大的宇宙过程，要从头至尾观测完这一过程需花费几亿年时间，即便几十代天文学家的辛勤努力也恐怕难以胜任这一天文观测。

天文学家的观测

如今，天文学家还尚不知晓星系相撞的模拟实验是否跟实际上的天文观测相吻合。

20世纪70年代，美国天文学家借助安装在智利的天文望远镜研究确认，当宇宙中发生并非如此罕见的宇宙悲剧，即巨大星系相撞时，会导致这些相撞星系形状上的变化，还会破坏新恒星的诞生过程。

美国天文学家基于大量观测认为，新诞生的一大批恒星比整个宇宙要年轻得多，但是，当初很少有人相信这一点。

1997年10月底，美国天文学家们借助修复后的"哈勃"太空望远镜拍摄了一张发生最大宇宙悲剧的照片，即触角星云中的两个大星系相撞。发生这一宇宙悲剧的地方距离我们6300万光年。这一震惊科学界的新发现，从而解开了历代天文学家自古留下的关于宇宙奥秘困惑不解的谜团。

模拟实验探奥秘

为了全面揭示和研究星系相撞导致的悲剧性后果，日本天文学家借助计算机和数学模拟系统，只用了几小时的时间就完成了一项星系碰撞模拟实验。

在实验现场显示出两个相撞后相互作用的星系之间展现的宇宙奇观：在对撞的两个星系之间出现光桥、光尾、纽带状和圆盘状星系的扭曲变形等现象。

但模拟计算并不能对相互作用星系的某些特性做出解释，比如：两个星系相撞时的颜色为什么往往跟单个星系的颜色截然不同？两个星系较高的 X 射线亮度与什么有关？归根结底的问题是：为什么在数学模拟实验时总是不出现环状星系？这一点引起了天文学家的关注。

数学模拟实验表明，在两个星系飞速接近时，这两个星系的气体云中的次星系并非像圆盘状星系中的次星系那样牵制着自

己。这时，恒星就会在两个相互接近的星系之间形成纽带，或形成被强力展开的螺旋状分支物，气体云会形成环状结构，其半径小于恒星圆面的半径。

邻近星系的影响会破坏气体云沿圆形轨道匀速运动，它们相互碰撞从而强化了恒星的诞生过程。

几亿年后，星系掠过最近点后，星系间引力的相互作用促进了恒星的形成过程，从而使恒星形成的强烈度达到极点，其恒星形成的速度是孤立星系中恒星形成正常速度的10倍。

为了能明确解释星际大撞击的过程，还需要科学家更深入的探索和研究。

延 伸 阅 读

1980年，美国、英国、荷兰合作发射的红外天文卫星首次探测到极亮红外星系的强烈红外辐射，它比银河系的红外辐射强100倍以上。天文学家估计，这些很亮的红外光是由于星系相互碰撞时，尘埃物质将碰撞中产生的新生恒星的光丛吸收并再辐射所致。

陨星坠落会伤人吗

陨星产生的影响

在行星的历史上，发生过巨陨星陨落导致地球灾变的事件。譬如，大约6000万年前，一颗质量为几十亿吨的陨星坠入地球，从而导致许多物种灭绝。与1908年发生的通古斯爆炸事件有关的一些全球性现象，更加说明了小彗星与地球相撞的事实。

极小陨星的陨落能对地球上的人类现实生活产生什么样的影

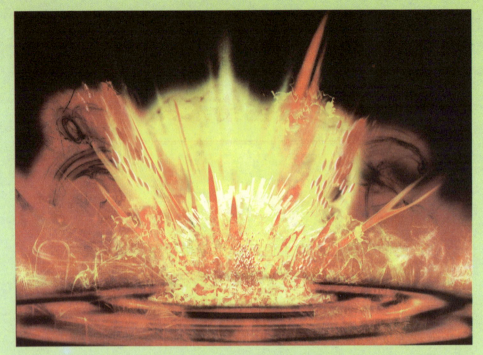

响呢？这一问题是加拿大国家调查局天体物理学研究所的几位学者提出的。

陨星坠落的概率

研究人员在9年时间里，借助60部摄像机在加拿大西部进行了观测。积累的大量资料得以计算出陨星陨落的概率，即取决于陨星的质量。据此推测，陨星的总质量是摄像机所拍摄到的最大陨星残块的两倍多。

实际上，每年平均有大约39颗质量不小于100克的陨星落入100万平方千米的陆地上，那么每年有大约5800颗陨星落入整个地球的陆区表面。

陨星落入人群或房屋的概率有多大呢？研究人员做出了许多推断：若按每一个人占0.2平方米的面积计算，落到人身上的最小陨星残块的重量不超过几克。通常200克以上的陨星块才能击穿屋顶和天花板。如果陨星的总重量为500克，那么5个残块中每一个都能击穿屋顶，但是，质量较小的陨星残块就不会导致这一后果。

陨星坠落事件

公元前3123年6月29日，一颗1600米长的陨星坠落在索达姆地区，导致数千人死亡，对100平方千米范围内造成破坏性打击。这次陨星碰撞相当于100万千克以上的TNT炸药爆炸，形成迄今世界上最大的山崩之一。

1954年11月30日，发生在美国亚拉巴马州的一个小城：一块重3900克的陨石残块击穿了屋顶和天花板，击伤了一名正在睡觉的妇女。由此可见，观测与计算是相符的，不过陨星陨落直接伤人的事件是极为罕见的。

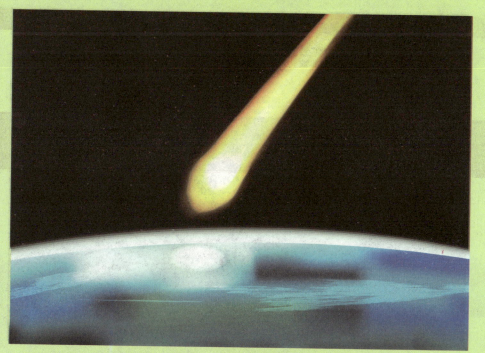

陨星落到屋顶的事件也时有发生。最近20多年里，在美国和加拿大研究发现的新陨落的陨星事件中，只有7起事件造成房屋严重受损，受损的房屋通常都是楼房和汽车库的屋顶。另外两起事件由于陨星质量小未能损坏屋顶。还有一颗重1300克的陨星击中一个邮箱，从而使它严重变形。如果考虑到一部分陨星坠落到公共设施和工业厂房的屋顶而不被注意，那么预测概率为：年均0.8次或20年间16次落到屋顶。所有这些均被观测所证实。

最大的陨星坠落场

一个由法国和埃及科学家组成的小组声称，他们在埃及发现了世界上最大的陨星坠落场地。据悉，借助了无数的卫星图像，该考察小组才在埃及与黎巴嫩边境交界地区找到了这个号称世界上最大的陨星坠落场。

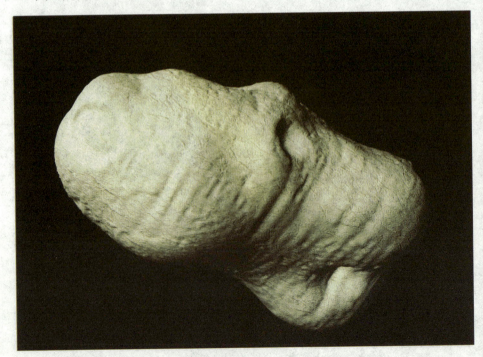

在埃及新发现的世界最大陨星场内，有上百颗巨大的坠落的陨星石。该考察小组已经在这个场址进行考察，并且在13处有陨星坠落的地方开掘。

科学家们称，这些陨星雨的残余物是大概距今5000年之前撞击地球的，覆盖面积达5000平方千米。由于巨大的冲撞力，陨星石在坠落到地面时撞出了20米至1000米直径不等的坑。有的陨星石一直钻入地表下80米深的地方。

直至最近为止，阿根廷的陨星场一直被认为是世界上最大的陨星场，面积约为60平方千米。科学家在埃及的发现意义重大的研究成果以前，人们所知的陨星场几乎都是由单个陨星残骸撞击地面所致，即陨星在进入了厚厚的大气层时，一块陨星石碎成了几块。但此次科学家们在埃及发现的陨星场有所不同，它不是单个而是由几个陨星石共同组成的。

科学家的结论

科学家用外推法分析和研究了所获得的有关世界人口和各大陆的资料，进而得出一个结论：在世界50亿人口中，质量不小于100克的陨星陨落事件的概率为10年1人次。陨星击穿屋顶的概率也不过年均0.8次。

延 伸 阅 读

陨星，即自空间降落于地球表面的大流星体。大约92.8%的陨星的主要成分是二氧化硅，也就是普通岩石，5.7%是铁和镍，其他的陨石是这三种物质的混合物。含石量大的陨星称为陨石，含铁量大的陨星称为陨铁。

令人意外的流星之声

流星坠地发出声音

流星竟然会发声，似乎闻所未闻。然而这却是事实！伊西利库尔是一座小城，位于俄罗斯辽阔的西伯利亚平原。那是许多年前的一个寒冷的冬夜，城里的大街小巷堆满了积雪。在这片雪原的上空是繁星闪烁的天宇，四周一片寂静。

突然，从天宇的某个地方，传来了一声尖锐刺耳的裂帛声。人们翘首远眺，只见一颗璀璨的流星，散射着金黄色的光芒，像

箭一般地掠过长空。

流星留下了一条长而发亮的轨迹。与此同时，那种裂帛似的声音也随之消失了，小城的雪夜又重归寂静。

人们对于流星是不会陌生的，然而有一点却使人感到困惑不解：伊西利库尔人是先听到了奇怪的声音，然后才看到流星的，这到底是怎么回事呢？

众所周知，流星以飞快的速度进入大气层后，和空气发生剧烈的摩擦，很快便烧成一团火球。绝大多数流星在60千米至130千米处的高空就已燃烧殆尽，只有极少数到20千米至40千米的高空处才烧完。而声音在大气中的传播速度是每秒340米，因此从那么高的地方传送到我们耳边的时间至少需要1分钟，更准确地说要在3分钟至4分钟之后。

可问题是，当流星飞过天空的同时，人们听到了它所发出的刺耳的声响。它就好像在看见闪电的同时就听到雷声，表明这个雷就落在你的身旁。

难道这颗流星竟是在离你的头顶不过几十米的空中飞过去的吗？这显然是不可能！

关于流星声音的记载

尽管许多人认为同时看到流星和听到流星发出的声音是完全不可能的，然而世界各地的研究者们积累下来的这类材料却是越来越多，许多史册中也有类似的记载。为了研究这一奇特现象，俄罗斯著名科学家德拉韦尔特教授收集了大量伴有反常声音的流星资料并给这种奇怪的流星起了一个确切的名字：电声流星。

在德拉韦尔特教授所整理的电声流星纪录表中，有这样几段有趣的记载：

1706年12月1日，托波尔斯克城的一位居民在流星飞过时，听到了一阵刺耳的"沙沙"声。

1973年8月10日，鄂木斯克省的格卢沙科夫看到漆黑的夜空中突然闪出一道白色的电光，照得四周亮如白昼。在流星飞行的15至18秒钟期间，一直可以听到嘈杂的响声，好像一只巨大的鹫鹰从高空中猛扑下来一样。

1938年8月6日，飞行员卡谢耶夫在鄂木斯克上空看到一颗明亮的橙黄色流星，"它飞到半途中时，传来了刺耳的'吱吱嘎嘎'的响声，好像一颗缺油的车轴在干转"。

有趣的是，著名的通古斯陨星和锡霍特阿林陨星陨落时，许

多目击者都听到了类似群鸟飞行的嘈杂声音和蜂群扇翅的"嗡嗡"声。这些不寻常的声音在被人们听到之前都走过了50千米至200千米的一段距离，最多的可达到420千米，"正常的"声音大约要经过21分钟才能传送到，实际上，等不到它们到达我们的耳边，就会在路途衰减乃至消失了。

可奇怪的是，在许多情形下，电声流星的"信号"甚至还要早于流星本身而率先出现。目击者们往往都是听到声音之后，循声望去，才看见空中出现了流星。

流星发出声音之谜

目击者们对流星之声的描述也是形形色色的，甚至是千奇百

怪的——"嗡嗡"声、"沙沙"声、"啾啾"声、"辘辘"声、"嘶嘶"声、"淙淙"声、沸水声、子弹炮弹火箭飞过时的啸声、惊鸟飞起的"扑棱"声、群鸟飞起的拍翅声、电焊时的"噗噗"声、火药燃烧时的"哧哧"声、"噼噼啪啪"的响声、气流的冲击声、钢板淬火和枯枝折断时的声响……

　　最叫人感到难以理解的是：有些人能够听到流星的声音，而另外一些人则什么都听不到。例如1934年2月1日一颗流星飞临德国时，25个目击者中有10个在流星出现的同时听到了"啾啾"声，其余的人则称流星是"无声"的。

　　还有一则报道说，1950年10月4日，在美国密苏里州出现流星时，只有孩子们才听到了流星飞过时发出的啸声，简直令人不可思议！尽管科学家们都承认电声流星现象是客观存在的是不可否认的事实，但其秘密至今没有解开。

有些专家认为，所有这一切的谜底就在于流星飞行时所发出的电磁波。这些电磁波以光速传播，有些人的耳朵能通过以某种我们目前还不知道的方式把这种电磁振荡转换成声音，转换的方式因人而异，各人听到的声音自然也不相同。可是对另外的许多人来说，就完全没有这种"耳福"了。

科学家曾做过一个试验，使用大功率的高频发射机从300米外向受试者发射高频电波，结果他们都听到了"嗡嗡"声、弹指声和敲打声。

但受试者强调说，这些声音仿佛是从"头里面"发出来的，然而电声流星的声音却是有着明确的"外来性"，差不多正常的

耳朵都能够感受到。这表明电磁波假说也有难以自圆其说之处，可见要揭示此奥秘的成因并非易事。流星之声的形成机制究竟如何，至今仍是一个谜。

延 伸 阅 读

流星发光：流星通常是宇宙空间闯入地球大气层的宇宙沙粒，它在空气中高速运动以至能够打掉空气原子中的电子，从而在其周围形成一个等离子区。等离子区是由裸露的原子和自由电子组成。在大约一秒钟量级的时间内，自由电子再次与原子结合并释放能量，这能量正是迫使它离开初始位置时所需的能量，在结合过程中放出的能量是流星尾巴发光的能量来源。

陨石带来的信息

陨石是个活标本

陨石是来自地球以外太阳系其他天体的碎片，绝大多数来自位于火星和木星之间的小行星，少数来自月球和火星。全世界已收集到4万多块陨石样品，它们大致可分为三大类：石陨石、铁陨石和石铁陨石。

石陨石由硅酸盐矿物如橄榄石、辉石和少量斜长石组成，也

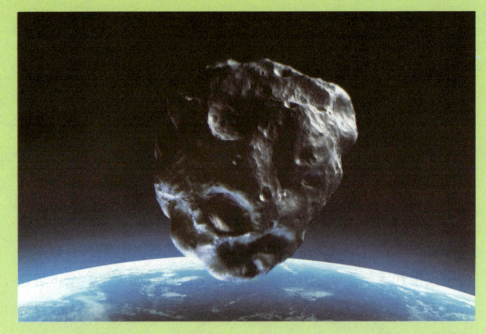

含有少量金属铁微粒，有时可达20%以上。

铁陨石中含有90%的铁，8%的镍。它的外表裹着一层黑色或褐色的1毫米厚的氧化层，叫熔壳。外表上还有许多大大小小的圆坑叫作气印。此外还有形状各异的沟槽，叫作熔沟。这些都是由于它们在陨落过程中与大气剧烈摩擦燃烧而形成的。铁陨石的切面与纯铁一样，很亮。

石铁陨石由铁、镍和硅、酸、盐矿物组成，铁镍金属含量30%至65%，这类陨石约占陨石总量的1.2%，故商业价值最高。

目前，除从月球取回的少量岩石外，陨石是我们唯一的地外固体物质，弄清各类陨石的身份有很重要的科学意义。

陨石是太阳系中最古老、最原始的天体物质，它的年龄与地球相当，约为46亿年，而地球上现存最古老的岩石也只有39亿年，因此陨石是研究地球形成及生命起源不可多得的活标本。

我国南京天文台的陨石专家王思潮，在1983年落到我国陕西宁强县的陨石中发现了有机物。这不仅意味着地球之外存在着生命的痕迹，表示着地球生命起源的另一种可能。

　　陨石等外星体把生命有机物从太空带来，这些种子在地球上获得适宜的环境得以发展演化，从而形成地球上的生命世界。

陨石从哪里来

　　地球上的人不断接待陨石这宇宙来客，所以人们很想知道这位神秘的客人的故乡在什么地方。多数人认为，陨石的故乡是在太阳系的小行星带上。小行星沿着椭圆形的轨道围绕太阳运行，当它们接近地球时，有些便告别了家乡，前来拜访地球。

　　也有人认为，陨石是由彗星转变来的。因为有些彗星只有彗核，没有彗发和彗尾，这就很难与小行星分辨了。

　　有些人对陨石的来源问题，采取了折中态度，认为一部分来

自小行星，一部分来自彗星。因为彗星、小行星和陨石之间并没有严格的界限，它们之间可以互相转化。综合起来看，后一种说法比较接近问题的实际。

延 伸 阅 读

陨石是地球以外未燃尽的宇宙流星脱离原有运行轨道成碎块散落到地球或其他行星表面的石质的、铁质的或是石铁混合物质，也称"陨星"。大多数陨石来自小行星带，小部分来自月球和火星。

气候与太阳的关系

气候的变化

寒冷的冬天，人们进屋后总要烤烤火炉或暖气。而且，大家都懂得离火炉或暖气越近，温度越高；离火炉或暖气越远，温度越低。地球在公转过程中离太阳的距离在不断发生变化。每年1月3日是太阳与地球距离最近的一天，7月4日是太阳与地球距离最远的一天。按理说，应该1月份热，7月份冷，可是，实际情况却

恰恰相反。

　　其实，地球离太阳实在是太远了，两者平均距离是1.5亿千米，而太阳与地球之间最远和最近的时候只相差500万千米。这个距离，对于地球获得太阳热量的影响是不大的。

　　事实上，影响地球气候的主要因素是冷空气，而冷空气的冷源则是来自太空。在没有大气保护的外太空非常寒冷，温度接近绝对零度，即零下273摄氏度，太阳给我们带来光和热辐射，但热辐射的量是非常惊人的，大气层就像一层棉被保护着地球，使地球的生物不被巨大的温差摧毁。我们的近邻月球，表面只有稀薄的大气，所以在有太阳照耀的时候温度会高达100多摄氏度；而太阳照射不到时，温度则会骤降至零下100多摄氏度，人类在这种情况气候条件下，是无法生存的。

高山上为何比山下冷

那么，高山上离太阳近，为什么要比山下冷呢？这是因为地球周围的大气是从太阳那里得到热量的，但空气增温不是直接靠太阳辐射，而是靠地面辐射。空气中的水汽、尘埃等对太阳辐射吸收能力很差，对地面辐射的吸收能力却很强。

通俗说，太阳先晒热地面，地面再放热，使空气增高温度。

地势高的地方虽然离太阳较近，但空气稀薄，吸收太阳和地面的辐射就少。

　　空气中二氧化碳有吸热保温作用，高原空气稀薄，含二氧化碳少，所以吸热保温能力差；同时空气升高时，压力减少，体积膨胀，本身还要消耗一部分热量。所以地势越高的地方，气温越低。一般来说，地势每升高100米，气温降低0.6摄氏度。

延　伸　阅　读

　　地球表面在吸收太阳辐射的同时，又将其中的大部分能量以辐射的方式传送给大气。地表面这种以其本身的热量日夜不停地向外放射辐射的方式，称为地面辐射。

如何看云识天气

云的形成

云是地球上庞大的水循环的有形的结果。太阳照在地球的表面，水蒸发形成水蒸气，一旦水汽过饱和，水分子就会聚集在空气中的微尘周围，由此产生的水滴或冰晶将阳光散射到各个方向，这就产生了云的外观。

因为云反射和散射所有波段的电磁波，所以云的颜色成灰色，云层比较薄时成白色，但是当它们变得太厚或浓密而使得阳光不能通过的话，它们看起来是灰色或黑色的。

江河湖海的水面，以及土壤和动、植物的水分，随时蒸发到

空中变成水汽。水汽进入大气后，成云致雨，或凝聚为霜露，然后又返回地面，渗入土壤或流入江河湖海。以后又再蒸发，再凝结下降。周而复始，循环不已。

从地面向上10多千米这层大气中，越靠近地面，温度越高，空气也越稠密；越往高空，温度越低，空气也越稀薄。

水汽从蒸发表面进入低层大气后，这里的温度高，所容纳的水汽较多，如果这些湿热的空气被抬升，温度就会逐渐降低，到了一定高度，空气中的水汽就会达到饱和。如果空气继续被抬升，就会有多余的水汽析出。如果那里的温度高于0摄氏度，则多余的水汽就凝结成小水滴；如果温度低于0摄氏度，则多余的水汽就凝化为小冰晶。在这些小水滴和小冰晶逐渐增多并达到人眼能辨认的程度时，就是云了。其他行星的云不一定由水所组成，如金星的硫酸云。

云的成因分类

云形成于当潮湿空气上升并遇冷时的区域。锋面云：锋面上

暖气团抬升成云；地形云：当空气沿着正地形上升时形成的云；平流云：当气团经过一个较冷的下垫面时形成的云，例如一个冷的水体；对流云：因为空气对流运动而产生的云；气旋云：因为气旋中心气流上升而产生的云。

云的形态分类

云主要有三种形态：一大团的积云、一大片的层云和纤维状的卷云。

科学上，云的分类最早是由法国博物学家让·巴普蒂斯特·拉马克于1801年提出的。1929年，国际气象组织以英国科学家路克·何华特于1803年制订的分类法为基础，按云的形状、组成、形成原因等把云分为十大云属。而这十大云属则可按其云的高度把它们划入三个云族：高云族、中云族、低云族。另一种分法则将积雨云从低云族中分出，称为直展云族。这里使用的云的高度仅适用于中纬度地区。

高云族

高云形成于6000米以上高空，对流层较冷的部分。分三大云，都是卷云类的。在这高度的水都会凝固结晶，所以这族的云都是由冰晶体所组成的。高云一般呈纤维状，薄薄的，多数会透明。高云族又分为卷云、卷积云、卷层云三类。

卷云，即具有丝缕状结构，柔丝般光泽，分离散乱的云。卷积云，即似鳞片或球状细小云块组成的云片或云层，常排列成行或成群，很像轻风吹过水面所引起的小波纹，白色无暗影，有柔丝般光泽。卷层云，即为白色透明的云幕，日、月透过云幕时轮廓分明，地物有影，常有晕环。

中云族

中云于2500米至6000米的高空形成。它们是由过渡冷冻的小水点组成。可分为高积云、高层云两类。

高积云，即云块较小，轮廓分明，常呈扁圆形、瓦块状、鱼鳞片，或是水波状的密集云条。成群、成行、成波状排列。薄的云块呈白色，厚的云块呈暗灰色。在薄的高积云上，常有环绕日月的虹彩，或颜色为外红内蓝的华环。高积云都可与高层云、层积云、卷积云相互演变。

高层云，即带有条纹或纤缕结构的云幕，有时较均匀，颜色灰白或灰色，有时微带蓝色。云层较薄部分，可以看到昏暗不清的日月轮廓，看上去好像隔了一层毛玻璃。厚的高层云，则底部比较阴暗，看不到日月。

由于云层厚度不一，各部分明暗程度也就不同，但是云底没有显著的起伏。高层云可降连续或间歇性的雨、雪。若有少数雨下垂时，云底的条纹结构仍可分辨。高层云常由卷层云变厚或雨层云变薄而成。有时也可由蔽光高积云演变而成。

低云族

低云是在2500米以下的大气中形成。当中包括浓密灰暗的层云、层积云和浓密灰暗兼带雨的雨层云。层云接地就被称为雾。低云族可分为雨层云、层积云、层云、积云、积雨云。

雨层云是厚而均匀的降水云层，完全遮蔽日月，呈暗灰色，布满全天，常有连续性降水。雨层云多数由高层云变成，有时也可由蔽光高积云、蔽光层积云演变而成。

层积云，即由团块、薄片或条形云组成的云群或云层，常成行、成群或波状排列。云块个体都相当大，其视宽度角多数大于5摄氏度。云层有时满布全天，有时分布稀疏，常呈灰色、灰白色，常有若干部分比较阴暗。层积云有时可降雨、雪，通常量较小。层积云除直接生成外，也可由高积云、层云、雨层云演变而来，或由积云、积雨云扩展或平衍而成。

层云，是低而均匀的云层，像雾，但不接地，呈灰色或灰白色。层云除直接生成外，也可由雾层缓慢抬升或由层积云演变而来，可降毛毛雨或雪。

直展云族

直展云有非常强的上升气流，所以它们可以一直从底部升到更高处。带有大量降雨和雷暴。积雨云就可以从接近地面的高度开始，然后一直发展至25000米的高空。在积雨云的底部，当下降中较冷的空气与上升中较暖的空气相遇就会形成像一个个小袋的乳状云。薄薄的幞状云则会在积雨云膨胀时于其顶部形成。直展云族可分为积云、积雨云两类。

积云，即垂直向上发展的顶部呈圆弧形或圆拱形重叠凸起，而底部几乎是水平的云块。云体边界分明，如果积云和太阳处在相反的位置上，云的中部比隆起的边缘要明亮；反之，如果处在同一侧，云的中部显得黝黑但边缘带着鲜明的金黄色；如果光从旁边照映着积云，云体明暗就特别明显。积云是由气块上升水汽凝结而成。

积雨云，即云体浓厚庞大，垂直发展极盛，远看很像耸立的高山。云顶由冰晶组成，有白色毛丝般光泽的丝缕结构，常呈铁砧状或马鬃状。云底阴暗混乱，起伏明显，有时呈悬球状结构。积雨云常产生雷暴、阵雨。有时产生飑或降冰雹。云底偶有龙卷产生。

此外，还有凝结尾迹、夜光云等。凝结尾迹是指当喷气飞机在高空划过时所形成的细长而稀薄的云。夜光云则非常罕见，它形成于大气层的中间层，只能在高纬度地区看到。

看云朵识天气

最轻盈、站得最高的云，叫卷云。这种云很薄，阳光可以透过云层照到地面，房屋和树木的光与影依然很清晰。卷云丝丝缕缕地飘浮着，有时像一片白色的羽毛，有时像一缕洁白的绫纱。如果卷云成群成行地排列在空中，好像微风吹过水面引起的鳞

波，这就成了卷积云。

卷云和卷积云都很高，那里水分少，它们一般不会带来雨雪。还有一种像棉花团似的白云，叫积云。它们常在2000米左右的天空，一朵朵分散着，映着灿烂的阳光，云块四周散发出金黄的光辉。积云都在上午出现，午后最多，傍晚渐渐消散。在晴天，我们还会偶见一种高积云。高积云是成群的扁球状的云块，排列很匀称，云块间露出碧蓝的天幕，远远望去，就像草原上雪白的羊群。卷云、卷积云、积云和高积云，都是很美丽的。

当那连绵的雨雪将要来临的时候，卷云在聚集着，天空渐渐出现一层薄云，仿佛蒙上了白色的绸幕。这种云叫卷层云。卷层云慢慢地向前推进，天气就将转阴。接着，云层越来越低，越来越厚，隔了云看太阳或月亮，就像隔了一层毛玻璃，朦胧不清。

这时卷层云已经改名换姓，该叫它高层云了。出现了高层云，往往在几个小时内便要下雨或者下雪。最后，云压得更低，变得更厚，太阳和月亮都躲藏了起来，天空被暗灰色的云块密密层层地布满了。这种云叫雨层云。雨层云一形成，连绵不断的雨雪也就降临了。

夏天，雷雨到来之前，在天空先会看到淡积云。淡积云如果迅速地向上凸起，形成高大的云山，群峰争奇，耸入天顶，就发展成浓积云。

积雨云越长越高，云底慢慢变黑，云峰渐渐模糊，不一会儿，整座云山崩塌了，乌云弥漫了天空，顷刻间，雷声隆隆，电光闪闪，马上就会"哗啦哗啦"地下起暴雨，有时竟会带来冰雹

或者龙卷风。

我们还可以根据云上的光彩现象，推测天气的情况。在太阳和月亮的周围，有时会出现一种美丽的七彩光圈，里层是红色的，外层是紫色的。这种光圈叫做晕。

日晕和月晕常常产生在卷层云上，卷层云后面的大片高层云和雨层云，是大风雨的征兆。所以有"日晕三更雨，月晕午时风"的说法。说明出现卷层云，并且伴有晕，天气就会变坏。另有一种比晕小的彩色光环，叫做"华"。颜色的排列是里紫外红，跟晕刚好相反。日华和月华大多产生在高积云的边缘部分。华环由小变大，天气趋向晴好。华环由大变小，天气可能转为阴雨。

夏天，雨过天晴，太阳对面的云幕上，常会挂上一条彩色的

圆弧，这就是虹。人们常说："东虹轰隆西虹雨。"意思是说，虹在东方，就有雷无雨；虹在西方，将有大雨。

还有一种云彩常出现在清晨或傍晚。太阳照到天空，使云层变成红色，这种云彩叫作霞。朝霞在西，表明阴雨天气在向我们进袭；晚霞在东，表示最近几天里天气晴朗。所以有"朝霞不出门，晚霞行千里"的谚语。

延 伸 阅 读

云吸收从地面散发的热量，并将其反射回地面，这有助于使地球保温。云同时也将太阳光直接反射回太空，这样便有降温作用。哪种作用占上风取决于云的形状和位置。